★乐在美中系列

U0748442

做自己的速妆达人

● 小乐 主编

辽宁科学技术出版社

·沈阳·

奔波是辛苦的,辛苦是值得的.
值得是被认可的.只有含着眼泪继续向
前冲的人把伟大的!

　　苦中作乐, 成人之美
　　恭祝《乐在美中》大卖"
　　　　　　　　握手:（签名）

小乐很勤奋,很励志,是很多同龄
人的榜样！人可以选择放弃,但绝
不放弃选择！小乐选择了美,并乐
在美中！祝《乐在美中》大卖！！！
　　　　　　　　阳光
　　　　　　　　2016.11.9

美丽是女人永恒的事业,制造
美丽是她们给予生活的一种积极态
度,而《乐在美中》正在做的就是
这件事！让女性朋友们可以蜕变出
更多属于她们的迷人魅力。祝《乐
在美中》长红大卖！
　　郑雅式
　　2016.7.13.

《乐在美中》

健康生活，乐在美中

这是一套集时尚、实用、全面、
高品位于一体的化妆造型类图书，为
现代爱美女性开启了魅力变身之门，
为化妆领域再辟辉煌。引领时尚化妆
潮流，乐在美中，乐在其中。

2011.7.18.

翻开《乐在美中》这套书，小乐便如同熟
识的好友，依旧用他亲切易懂的谈话方式，悉
心为大家讲述自己多年的化妆经验及对时尚风
潮的敏锐剖析。十年磨一剑，小乐将竭力为大
家打造美丽国度的视觉盛宴。

2011.7.11

AUTHOR'S PREFACE
自 序

时尚是美、是流行、是个性，也是获得回头率的要素，相信没有哪个现代人会错过，但是我们更需要打造出自己独特的个人魅力，体现自己的个性和身材优势以及个人风格。总之，我们要时尚，但我们更要与众不同，适合自己的风格才是最终的时尚和潮流。

我从小就对绚丽的色彩有着一种与生俱来的偏爱，很小的时候，调皮的我就经常偷母亲的口红、眉笔在妹妹的脸上"大张旗鼓"地搞"创作"。17岁那年，偶然在电视上看到了一场时尚彩妆秀，那些充满个性而色彩绚烂的视觉造型深深地打动了我，让我萌发了当造型师的念头，而且必须是成功的造型师。

在进入彩妆国度的路途上，我还是比较幸运的。经过刻苦地学习和磨炼，我的工作范围不断地扩大，从简单的妆面造型到新娘造型，再到影视以及电视栏目、广告、杂志等化妆领域，同时还开办了以自己名字命名的小乐造型形象设计学校，这些工作让我受益匪浅，并开始从生活的点点滴滴中有意识地逐步培养和建立美感，从而使自己的视野变得更为开阔。这对于我来说，是人生的一笔无价之宝。但作为一名造型师，我更希望能和大家分享美、创造美、欣赏美，做到真正的"乐在美中"。

为此，让我凭借所学之技，让爱美的人们感受一场形象改造的狂潮吧！同时，我也希望通过这套书籍，把这些年累积的经验，毫无保留地与更多爱美的人分享，让想要变得更漂亮的你，在轻松掌握化妆技巧之余，展现出专属于自己的个人魅力，体验彩妆所带来的喜悦和自信！《乐在美中》的完成，让我回忆起每一次造型的完成，一张张熟悉的笑脸和每一次进棚拍摄的情景，让我倍感激动。我对能有这样的工作体验而感到非常的荣幸，这为我今后的发展道路带来新的方向和新的目标。在此我要感谢那些提出疑问的朋友，感谢他们给我指出写作中的缺点与不足，让我有提高的机会。感谢这一路走来帮助我的朋友，有了大家的支持我才有信心完成这次创作，谢谢你们！

感谢丽人风尚模特机构及唯魅秀彩妆的大力支持，和我们的模特——小A 、胡曼、高妍敏慧、郝媛媛、vico君君、点点、史佳乐、刘亚茹、刘斐、李莹莺、成彦蓉；感谢摄影师郭力、赵淞鹏、Spark Lee的合作，感谢他们每一次在摄影棚里为我们创造的惊喜。

CONTENTS 目 录

第1章

时尚美妆
常用产品

很多美眉在市面上看见了各种各样的美妆产品，相信大家肯定都在为怎样选择一款最适合自己的美妆产品而发愁。那么，在本章中小乐就教给大家如何选择美妆产品。

市面上的美妆产品按状态通常可分为膏霜类、蜜类、粉类和液体类，按使用目的则可分为清洁类、护肤类、粉饰类、护发类、固发类、美发类和美甲类等。知道了这些化妆品的分类就要按照自己的肤质和使用部位来选择最适合自己的产品。

洁肤类产品

如何选择洁肤类产品?

如果你是油性皮肤的美眉,那么,最好是选用泡沫型的洁肤产品。因为油性皮肤的面部毛孔通常要比干性皮肤大,这样一来毛孔中滋生的细菌就容易导致皮肤长小痘痘和小粉刺。所以,油性皮肤的美眉一定要用泡沫丰富的清爽型洁肤产品来把细菌清除掉。

如果你是干性皮肤的美眉,那么,请选用乳液型的洗面奶,因为乳液型的洗面奶中含有补水成分,可以让你的皮肤倍感滋润。

小乐给各位美眉的小提示:无论油性皮肤还是干性皮肤都要先用温水清洁皮肤,因为温水能起到扩张肌肤毛孔的作用,这样就能很好地清洁皮肤中的灰尘和杀死皮肤中的细菌,待皮肤清洁干净之后再用冰水拍脸,这样就能达到收缩毛孔和促进血液循环的效果,长期坚持还能使皮肤洁白光滑并能延缓皮肤衰老。

润肤类产品

如何选择润肤类产品?

想要打造出完美无瑕的美妆效果,不仅要彻底清洁肌肤,还一定要做好补水工作,这样精心打造出来的妆容才不易出现脱妆和皮肤干涩脱皮的现象。

那么,下面就让小乐给各位美眉介绍一下润肤的法宝。

化妆水

润肤的第一大法宝是化妆水,化妆水分滋润型化妆水和清爽型化妆水这两种类型,滋润型化妆水适合干性皮肤的美眉涂抹,清爽型化妆水适合油性皮肤的美眉涂抹,怎样选择适合自己的化妆水呢?不要着急,只要你提取适量的化妆水在自己的手背上轻拍,如果皮肤有滋润且光滑的感觉,那么,这就是我们要找的滋润型化妆水,如果感觉清凉爽肤,那么,这就是我们要找的清爽型化妆水。

润肤产品

润肤产品分为油相成分和水相成分两种产品,如果你是干性皮肤的美眉,那就赶紧使用油相成分的产品来为你缺水的肌肤补充营养成分;如果你是中性皮肤和油性皮肤的美眉,那就赶快使用水相润肤产品,因为它不仅能为你的肌肤补充营养,还能使你打造出的妆容晶莹剔透。

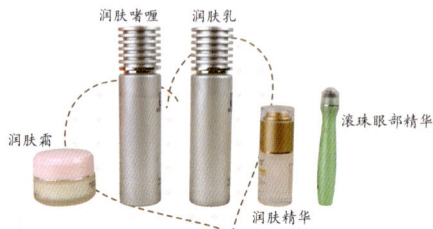

润肤嗜喱　润肤乳

润肤霜

润肤精华　滚珠眼部精华

彩妆类产品

粉底

　　一个洁白无瑕的妆容当然少不了粉底的功劳，诸多种类的粉底都各自有何用途？下面就让小乐来为大家一一讲解 。

　　粉底是最为常用的调整皮肤色调和增强面部立体感的化妆品。粉底的基本成分是油脂、水分以及颜料等。油脂和水分是粉底必不可少的基本成分，它可以使皮肤变得滋润、柔软，并具有一定弹性。颜料的多少决定粉底的颜色。根据水分、油分比例的不同，粉底可分为乳液状粉底和膏状粉底。根据用途的不同，还可以用做特殊处理的遮瑕膏、抑制色。

　　1. 乳液状粉底：乳液状粉底又分液态型粉底和湿粉型粉底。液态型粉底油脂含量少，水分含量较多，比其他种类的粉底更易充分体现出水分的性质，化妆后显得湿润、娇嫩、自然，适于干性皮肤及淡妆使用。湿粉型粉底的油脂含量多于液态型粉底，有一定的遮盖性，能充分展示皮肤的质感，适用于干性、中性皮肤和影视妆。

　　2. 膏状粉底：此类型粉底外观一般呈管状，故又称粉条，其油脂含量较多，具有较强的遮盖力，可赋予皮肤光泽和弹性。适用于面部瑕疵较多的皮肤及浓妆，妆面效果可使皮肤富有青春活力。

　　乳液状粉底和膏状粉底的使用方法：借助于海绵或用手指将粉底涂抹于面部。

　　3. 遮瑕膏：遮瑕膏是一种具有特殊作用的粉底，成分与膏状粉底相似，其质地较膏状粉底更干些，主要用于掩盖一般粉底掩饰不住的黑痣、色斑等较重的瑕疵。

　　4. 抑制色：使用抑制色，主要是用来减弱面色的晦暗、蜡黄以及脸颊上不自然的红调，起到协调肤色、增加皮肤红润及白嫩感的作用。肤色偏红的部位选用绿色抑制色，肤色偏暗或蜡黄可用淡紫色抑制色，苍白的皮肤可选用粉红色抑制色，缺乏光泽的皮肤可选用米色抑制色等。

　　使用方法：抑制色、遮瑕膏在涂底色前使用。

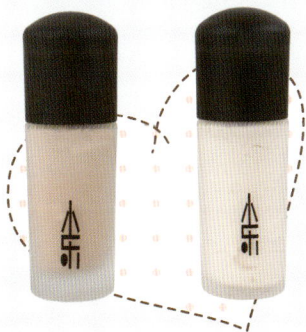

定妆粉

　　打出一个自然剔透的底妆，那最多也只是半成品。如果不用定妆粉定妆，时间一长，各位美眉就会发现自己成了"大花脸"，所以，一定要赶快使用定妆粉进行定妆。

　　常用的定妆粉一般分为蜜粉和粉饼这两种类型。蜜粉也称干粉或碎粉，为颗粒细致的粉末，具有吸收水分、油分的作用。将蜜粉扑在涂完底色的面部，可使皮肤与粉底结合得更为紧密，且能抑制粉底过度的油光，防止脱妆，使肤色更为自然。

　　使用方法：借助于粉扑将蜜粉轻拍在皮肤上，再用粉刷掸掉浮粉。

　　彩色蜜粉能加强粉底的附着力，调整肤色，使皮肤平整光滑。

　　蓝色、绿色蜜粉：适用于晦暗、泛红的肌肤。

　　粉色蜜粉：可使苍白的肌肤呈现粉红的感觉。

　　珠光白色粉：表现透明、时尚、前卫的效果。

　　紫色蜜粉：调整晦暗发黄的肤色，可使其变得亮丽。

　　自然色蜜粉：适用于任何肤色，可使妆面自然透明。

　　使用方法：选择相应修饰肤色的颜色和与粉底色相近或亮度统一的颜色，用粉扑蘸取少许粉揉匀之后，在整个面部轻轻按压。

　　而粉饼的遮瑕力度更强，怎样选择定妆粉，那就要根据各位美眉的需求来选择了。

胭脂

　　市面上的胭脂主要有干粉质地的固态胭脂、胭脂膏和液态胭脂三种类型。

　　干粉质地的固态胭脂是各位美眉最常见的，另外还有一种目前很受各位美眉喜爱的胭脂膏，因为它不用涂抹粉底也可以使用，如果你是皮肤瑕疵少而肤色又洁白的美眉，那么，使用胭脂膏效果会更好，这样一来不仅节省了涂抹粉底的时间而且又使妆容显得更自然。液态胭脂同样会使妆容显得更自然，它与膏状胭脂一样也可以直接上妆使用。

眼影

　　眼影主要用于美化眼部，具有增加面部色彩、加强眼部的立体效果和修饰眼形的作用。

　　常见的眼影有粉状眼影、膏状眼影和笔状眼影三种类型。日常美妆中最常用的是粉状眼影。另外眼影有亚光眼影和珠光眼影之分。亚光眼影适合做底色，珠光眼影适合做过渡晕染，两者结合出的眼影效果能让眼睛更加闪亮。各位美眉开始心动了吧？不要着急，在下面的美妆技巧步骤环节中小乐将会教各位美眉如何使用眼影。

眼线 （笔、膏、液）

画眼线一般常用到的工具有眼线笔、眼线粉(膏)和眼线液三种。用以调整和修饰眼形，增强眼部的神采。

这三种不同类型的眼线工具画出来的效果也不同，但是如果使用不当就有可能会画出个熊猫眼，下面就来认真学习小乐为大家讲解的美眼秘笈。

1. 眼线液：眼线液为半流动状液体，配有细小的毛刷。用眼线液描画睫毛线的特点是上色效果较好，但操作难度较大。

使用方法：用毛刷蘸眼线液后，沿着睫毛根部进行描画。操作时，手要稳，用力要均衡。

2. 眼线粉(膏)：眼线粉(膏)为块状，其最大的特点是晕染层次感强，上色效果好，不易脱妆。

使用方法：用细小的化妆刷蘸水后，再蘸取眼线粉（膏）沿睫毛根部描画。

3. 眼线笔：眼线笔外形如铅笔，芯质柔软。其特点是易于描画，效果自然。

使用方法：用眼线笔沿睫毛根部直接描画。

后面的环节中将会有详细的画眼线技巧讲解，而且小乐多年积累的小经验也将一一道出。

眉笔 （笔、粉）

眉笔的主要作用是用来加强眉色，增加眉毛的立体感和生动感。

眉笔的常用颜色有黑色、灰色和棕色等。同时市面上还有眉粉，眉粉打造出来的眉型效果自然柔和，非常适合各位美眉用来打造日常生活美妆。

美唇法宝 （唇线笔、唇膏、唇彩）

　　唇线笔外形如铅笔，芯质较软，用于描画唇部的轮廓线。唇线笔配合唇膏使用，可以增强唇部的色彩和立体感。选择唇线笔颜色时应注意要与唇膏色属于同一种色系，且略深于唇膏色，以便使唇线与唇色协调。

　　下面我们重点推荐给各位美眉的美唇法宝就是唇膏和可爱诱人的唇彩了。

　　唇膏的颜色饱和度高，能够很好地改变唇形，唇膏是所有彩妆化妆品中色彩最丰富的一种。它可以强调唇部色彩及立体感，具有改善唇色，调整、滋润及营养唇部的作用。唇膏按其形状划分为棒状和软膏状两种。

　　1. 棒状唇膏：此种唇膏使用较为广泛，易于携带，使用方便。

　　2. 软膏状唇膏：这种唇膏一般放在盒中，最大的特点是可以随意进行色彩的调配，是专业化妆的首选。

　　使用方法：用唇刷将唇膏涂于唇线以内的部位。涂抹要均匀，薄厚要适中。

　　使用唇彩可以突出唇部的立体感。唇彩质地细腻，光泽柔和，颜色自然，使用后唇部显得润泽，一般和唇膏配合使用。

　　使用方法：用唇刷将唇彩涂抹于涂好唇膏的唇部中央。

　　唇膏和唇彩搭配使用，会打造出既炫亮而且更立体的小靓唇，美眉们心动了吗？不要着急，小乐的美妆秘笈还需要慢慢修炼，在后面的美妆技巧环节将会为大家详细讲解。

美眼法宝 （美目贴、睫毛膏、睫毛夹、仿真假睫毛）

美目贴

美目贴是能让单眼皮的美眉小眼变大眼的好工具，只要把它贴在眼皮褶皱线的位置上就能让你的眼睛变大。

睫毛膏

为什么说睫毛膏是美眼法宝呢？因为眼睛是人与人心灵交流的窗口，所以一定要把眼部作为打造重点，用怎样的方式既能把各位美眉原有的双眸特点保留又能取得大大的突破呢？那么，可以试着选择小乐为大家推荐的睫毛膏。

睫毛膏是用于修饰睫毛的化妆品。睫毛膏可使睫毛变得浓密，增加眼部的神采与魅力。睫毛膏的色彩齐全，有蓝色、紫色、透明色等，其种类还包括加长睫毛膏等多种类型。

使用方法：用睫毛刷蘸取睫毛膏后，从睫毛根部向上、向外涂，待其完全干后再眨动眼睛，以防弄脏眼部妆容。

睫毛夹

涂抹睫毛膏之前要想让你的睫毛翘翘，千万别忘记使用这样美眼法宝。有些美眉害怕使用睫毛夹，因为使用不当可能会夹痛眼皮或夹掉眼睛睫毛，但是只用睫毛膏又不会使睫毛卷翘，那可怎么办？不用愁，美眼法宝的秘笈还在后面。

仿真假睫毛

很多时髦的美眉都喜欢用仿真假睫毛来美化她们的眼睛，正确地使用会让眼睛灵动迷人。市面上仿真假睫毛的产品种类有很多，美眉们一定要选购适合自己眼形的优质仿真假睫毛。

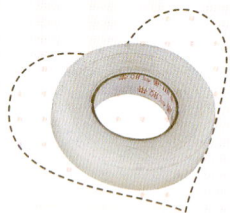

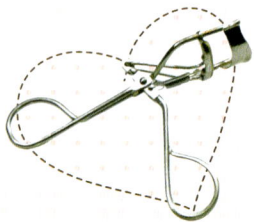

化妆工具

说了这么多的美妆产品，不要忘了还有一些非常重要的小法宝也不容忽视，那就是化妆小工具了。那么，下面小乐也来给各位美眉说说这些小工具有哪些妙用。

1. 眼影刷：眼影刷有两种类型：一种为毛质眼影刷，另一种为海绵棒。它们都是修饰眼部的用具，不同之处在于海绵棒要比眼影刷晕染力度大且上色多。眼影刷最好专色专用，因为只有这样才能打造出更干净的眼妆。

2. 胭脂刷：用于涂腮红的工具。胭脂刷需要用富有弹性、大而柔软且由动物毛制作成的前端呈圆弧状的刷子。

3. 唇刷：用于涂唇膏的化妆工具。唇刷最好选择顶端刷毛较平的刷子。这种形状的刷子有一定的宽度，刷毛较硬且有一定弹性，既可以用来描画唇线，又可以用来涂抹全唇。

4. 眉刷：用于描画眉毛的工具。刷头呈斜面状，毛质比眼影刷略硬。眉毛用眉刷刷过后会显得柔和自然。

5. 眼线刷：用于描画睫毛线的化妆工具。眼线刷是化妆套刷中最细小的毛刷。

6. 轮廓刷：轮廓刷用于外轮廓的修饰。可以选择刷毛较长且触感轻柔、顶端呈椭圆形的粉刷。

7. 粉扑：粉扑是按扑蜜粉的定妆工具。在选用时要选择纯棉且质地细密的粉扑。

8. 纸巾：可用来吸汗、去除多余的油脂或卸妆等。纸巾应选择质地柔软、吸附性强的面巾纸。

9. 化妆海绵：用于涂底色。用质地细密的海绵涂底色既均匀又卫生，而且柔软舒适。为了使粉底与皮肤充分融合在一起，要求海绵富有弹性。海绵的形状有三角形、圆形和方形三种。其中三角形海绵涂底色效果最好，其平坦的一面可用于基础底色的涂抹，尖的部位可用于眼角和鼻窝等处细小部位的涂抹。

10. 棉棒：化妆时擦拭细小部位最理想的用品。如在描画眼影、睫毛等部位时，常常会因不小心或技巧不熟练而弄脏妆容，如果用棉棒擦拭，便会有较好的效果。

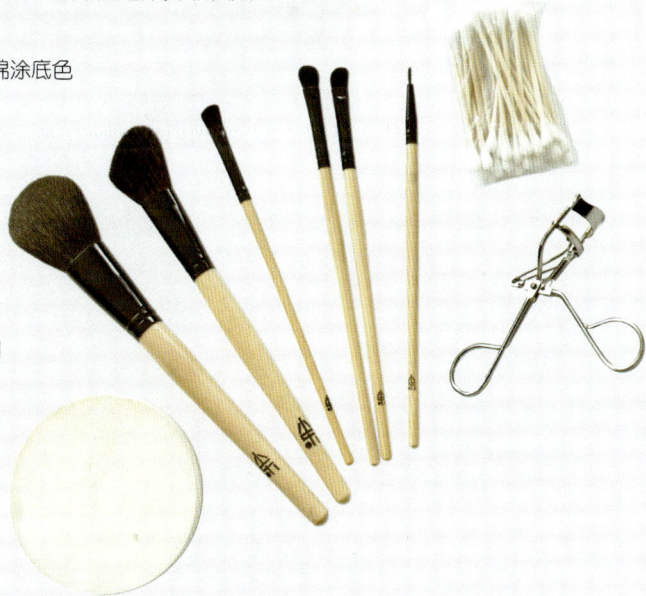

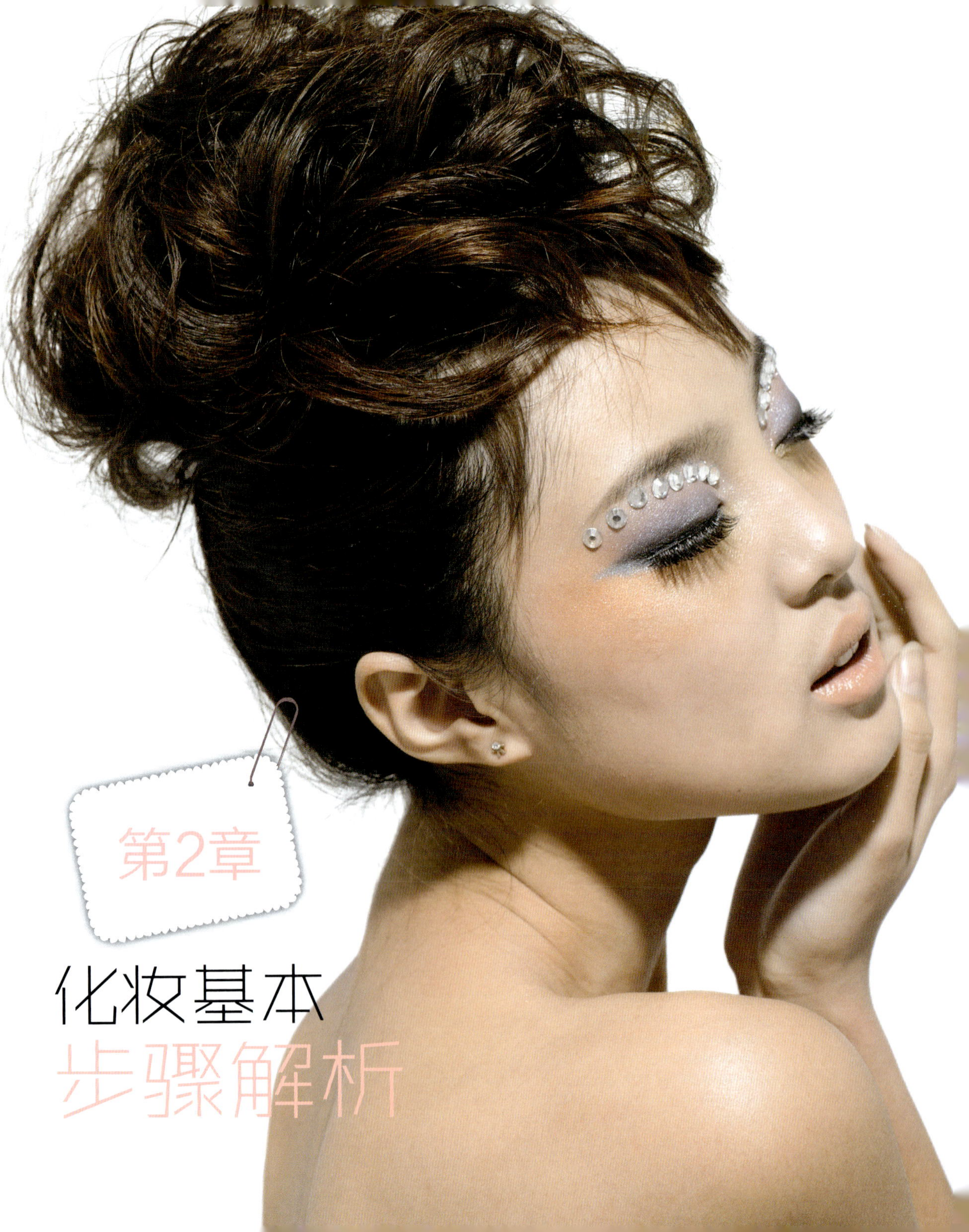

第2章

化妆基本步骤解析

修眉

首先进入美妆第一道程序——修眉。很多美眉会疑惑？为什么不是底妆？为什么不是洁肤？因为这样能让妆容更干净，更容易清除面部残留的杂眉。

修眉时要根据所使用的不同工具来采取不同的修眉方法。一般来讲有三种修眉方法：剪眉法、拔眉法和剃眉法。

步骤及方法

先将眉毛及周围皮肤进行清洁。根据眉毛的自然条件，确定眉毛各部位的位置。再选用修眉工具，修除眉形以外多余的眉毛。

步骤1

1. 剪眉法： 剪眉法是用眉剪对杂乱多余或过长的眉毛进行修剪，使眉形显得整齐。修剪时，先用眉梳或小梳子，根据眉毛的生长方向将眉毛梳理成形，然后将眉梳平贴在皮肤上，用眉剪从眉梢向眉头逆向修剪。眉梢可以稍短一些，眉峰至眉头部位，除特殊情况，不宜修剪，这样可以形成眉毛的立体感与层次感。（如步骤1~步骤3）

步骤2

步骤3

2. 拔眉法： 用眉镊将散眉及多余的眉毛连根拔除。拔眉前用毛巾热敷，使毛孔扩张，减少拔眉时皮肤的疼痛感。拔眉时用一只手的食指和中指将眉毛周围的皮肤紧绷，另一只手拿着眉镊，夹住眉毛的根部，顺着眉毛生长的方向，将眉毛一根根拔掉。利用拔眉法进行修眉，其最大的特点是修过的地方很干净，眉毛再生速度慢，眉形保持时间相对较长。不足之处是拔眉时有轻微的疼痛感，长期用此方法修眉，会损伤眉毛的生长系统，使眉毛的生长速度减慢，甚至不再生长。（如步骤4～步骤6）

步骤4

步骤5

步骤6

3. 剃眉法： 是用修眉刀将不理想的眉毛刮掉，以便于重新描画眉形。刮眉时，用一只手的食指和中指将眉毛周围的皮肤绷紧，用另一只手的拇指和食指、中指、无名指固定刀身，修眉刀与皮肤呈45°，因为这个角度不易伤及皮肤。刮眉过程中握住修眉刀的手要稳，从而保证剃眉的安全性和准确性。剃眉的方法较简单，操作时皮肤没有疼痛感。但缺点是眉毛刮掉后很快又会长出来，而且重新长出来的眉毛显得更粗硬。（如步骤7～步骤12）

步骤7

步骤8

步骤9

步骤10

步骤12

步骤11

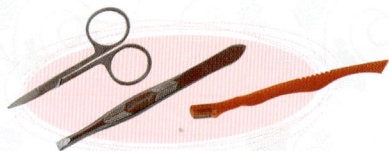

展示图

修眉前

修眉后

眉毛修整整齐了，人也变得清爽了，接着我们就开始打造完美底妆了。

打出完美底妆

　　一个好的妆容首先要自然干净，俗话说"一白遮三丑"，所以各位美眉们要注意粉底一关特别重要，想要打出轻盈清透的底妆就必须先做好皮肤的妆前护理工作。

妆前肌肤护理

　　各位美眉们在洗完脸之后，首先要仔细地涂抹好适合自己脸部肌肤的基础护肤品。干性皮肤的朋友可以使用含有油性成分的乳霜，或者使用小乐推荐给大家的既经济又实惠的宝宝霜，因为宝宝霜不仅不刺激皮肤，还有很好的补水滋润的功效。油性皮肤的朋友可以使用清爽补水型乳液，在使用乳液前最好拍些能快速收缩毛孔的清爽型收缩水。

接下来小乐教大家几步肌肤护理的基本方法。

步骤1 用化妆棉清洁面部，我们先从额头开始清洁，力度要适中。

步骤2 额头清洁完以后，我们再由外向内清洁下颌。

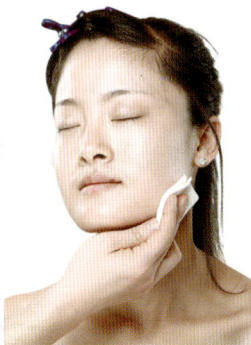

步骤3 注意脸部两侧也要由上至下清洁。

步骤4 最后清洁脸颊部位，力度要轻柔。

步骤5 清洁完毕后，给面部拍爽肤水，使面部更加滋润。先把爽肤水滴在指腹上，轻拍面部肌肤。

步骤6 先从脸颊开始，由内至外轻拍两颊。

步骤7 慢慢延伸至额头部位。

步骤8 眼睛周围是容易被忽略的地方，也一定要记得护理到。

步骤9 最后，不要忘记脸部与脖子边缘处。

步骤10 该上乳液了，同样把乳液滴在指腹上。

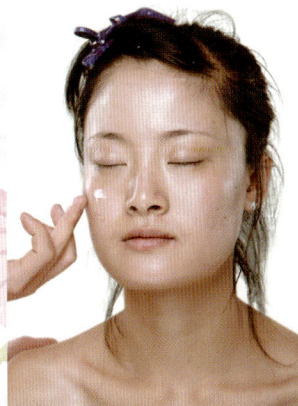

步骤11 先从眼睛周围开始，这样有利于很好地遮盖黑眼圈。

步骤12 再把乳液用指腹点到脸部的各个部位。

步骤13 然后用指腹轻轻地涂抹开。记住一定要均匀有序。

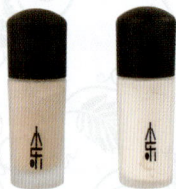

妆前修饰

从现在开始，我们来学习一下化妆的基本技法。

同样的粉底用在不同人的脸上，效果也可能是不一样的。所以说，给女孩们推荐化妆品实在是一件很困难的事情。但是要寻找到适合自己的化妆品，方法还是有的，现在小乐就把这些方法告诉各位美眉。只要你找到了适合自己皮肤的化妆品和化妆方法，相信你也能成为一个化妆高手。

妆前修饰都包括哪些环节呢？

底妆基础产品和类包括防晒霜、BB霜（粉底乳）、遮瑕膏和隔离霜等。

大量研究表明：如果任由阳光暴晒10分钟，皮肤就会早衰老10天，阳光是造成肌肤老化与形成皮肤表面斑点的主要因素。只有做好防晒，才能预防黑色素的产生。如果能保证不被晒伤、不被晒黑，皮肤就会晶莹美白，并且保持青春润泽。所以，出门前一定要擦防晒霜，而且睡觉前一定要卸掉，因此防晒霜也是底妆系列的一种。

BB霜（粉底乳）是保持皮肤好气色的化妆产品，擦上适合自己的BB霜（粉底乳），会让你看起来更精神、更靓丽。另外要告诉各位美眉的是，当你觉得肤色不均时，就可以使用肤色BB霜（粉底乳）来均匀肤色；当肌肤惨白无气色时，可以使用粉红或杏桃色BB霜（粉底乳）来让脸色红润；当脸蛋显得泛黄时，蓝或紫色BB霜（粉底乳）是让肌肤白皙透明的最佳选择；当有黑眼圈、小斑点和痘疤时，就可以使用黄色BB霜（粉底乳），因为它具有遮盖瑕疵的功效。另外含有珍珠成分的BB霜（粉底乳）能使脸部整体表现得明亮华贵，前提是这只在化淡妆的情况下使用。

如果是面部有斑点的美眉，通过BB霜（粉底乳）还不能很好地遮盖住面部瑕疵，那就使用遮瑕膏来加强效果吧，遮瑕膏能够很好地将面部瑕疵尽可能遮盖住，但切记用遮瑕膏遮盖瑕疵之后一定要把边缘晕开，这样效果才会更自然。

所谓隔离霜就是把皮肤与彩妆和脏空气等隔离开来，它是保护皮肤的化妆产品，能使肤色变得柔和，但是刚学化妆的女孩子往往掌握不好该擦多少，一不小心就擦厚了，这样便容易造成皮肤干燥。初学化妆的美眉可以少量地擦拭，慢慢地练习，等熟练以后就能很好地掌握适合自己皮肤的量。同时也告诉大家一个小秘密：宝宝霜也能起到很好的隔离功效。

重新设置健康的生活方式

　　美眉的问题性皮肤是由多种原因造成的，而我们要尽可能地排除引发皮肤炎症的因素。因此，我们就要调整到健康科学的生活方式。

　　敏感性皮肤要避免错误的护肤手法（粗鲁或用力地摩擦脸部肌肤），早晚护肤保养时千万不要采取揉搓的方法，轻柔的抚摸可以提高吸收力。改掉不规律的睡眠习惯，尽量确保在零点之前入睡，至少保持7个小时的充足睡眠（注意睡眠不规律的话会导致皮肤干燥），如果睡得比较晚也要按照早上起床的时间起床。每天保持30分钟左右的午睡时间。保证体内水分的充足，记得每天要喝1.5L的温水，少量多次的饮水才是正确的方法。还有就是通过适当的运动促进新陈代谢，建议敏感性肌肤的美眉尝试适当的运动，这样能促进血液的循环，不过要减少接触能引起皮肤过敏反应的活性碳素，尽量避免强烈的跑步。最后就是尽量不要用手去触摸肌肤，长时间用手撑脸等习惯会造成皮肤相应部位的血液不畅通，也可能会导致炎症。如果能做到以上几点，那么，美眉的敏感性肤质可能会有很大的改善。

下面为大家演示一下妆前修饰的步骤。

步骤2

用手指将BB霜（粉底乳）均匀地涂抹在脸的各个部位。

步骤3

用无名指指腹涂抹鼻翼两侧的法令纹，让鼻翼两侧的法令纹显得平滑有光泽。

步骤1

首先我们将BB霜（粉底乳）挤在指腹上。

步骤4

先将右脸颊及下颌的BB霜（粉底乳）涂抹均匀，然后再对额头的BB霜（粉底乳）进行涂抹调整。

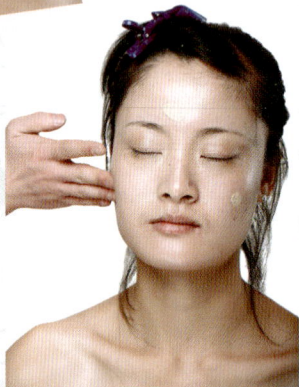

步骤5 注意眼角部位的涂抹应该从外眼角向内收，使眼角更加紧凑，眼睛就不会有下塌感。

步骤6 下眼角的涂抹也使用同样的手法。

步骤7 而毛孔明显的鼻翼部分，只要将手指上残留的BB霜（粉底乳）涂上即可。

步骤8　用粉底刷蘸取少量粉底。

步骤9　从眼部周围开始涂抹整个面颊，涂抹时一定要均匀有序。

步骤10　鼻梁要涂抹出似有若无的感觉，如果涂抹得过于厚实，就会很容易脱妆，但如果不涂，鼻梁就会非常显眼。

展示图

整个妆前修饰就完成了，你学会了吗？

定妆

　　一个清透的底妆打造完成之后，各位美眉不要忘记定妆环节的重要性，如果妆定得不实，我们辛苦打造出来的底妆就会很快花掉。

下面小乐就来教大家快速有效的定妆方法

步骤 1　首先用粉扑蘸取少量定妆粉，为了使妆面更加清透自然，还可以加些含有珠光成分的蜜粉，一起调和均匀。

步骤 2　定妆一定要先从眼部开始，因为眼睛在面部的活动量比较大，也比较容易出现细纹，所以眼部环节应该精心处理。涂眼部时应从外眼角向内眼角去压实蜜粉，因为眼部细纹是从内眼角向外眼角生长，所以我们涂抹的时候应从反方向打开。

步骤 3　然后我们用专业粉扑用定妆粉从鼻翼两侧的法令纹开始涂抹。注意鼻梁如果涂抹得过于厚实，就会很容易脱妆。

步骤 4　额头比较光滑，所以涂抹比较好操作一些。同样记住定妆粉不要涂抹过厚，否则会将整个脸型轮廓压扁，整个妆容就会没有立体感。

展示图

画眼线

首先要提醒各位美眉：在画眼线的时候最好避免使用纯黑色眼线笔。若选取深棕色眼线笔，采取下面深上面浅的画法会使人感到更真实一些。

步骤2　并用眼线笔填满睫毛根部的空隙。

步骤3　在描画上眼睑眼线时，外眼角处落笔要轻。

步骤1　由内眼角至外眼角描画，采用重叠上色法。

步骤4 步骤5 上眼线内眼角的线条要细一点，内眼角颜色要淡。外眼角线条要略粗，颜色要略重。

步骤6 下眼线要从外眼角处靠外的部分起笔，横向进行描画，上面的颜色略深于下面。

展示图:

画眼影

在画眼影时注意晕染面积不宜过大。

步骤1 用眼影刷在眼睛周围涂上咖啡色眼影，并向外晕开。

步骤2 步骤3 步骤4 运用水平晕染，即在睫毛根处颜色最深，逐渐向上减淡，愈接近眉毛处颜色愈浅，着重外眼角上方的晕染。

展示图

步骤5 **步骤6** 再用浅咖啡色进行晕染，注意晕染面积不宜
过大。

步骤7 **步骤8** 用亮色眼影在内眼角处进行轻微的
提亮。

各位美眉们，其实眼
影还是挺容易画的，相信
时间长了，美眉们就会更
为熟练，画出的眼影自然
会让眼睛变得更漂亮。

粘假睫毛

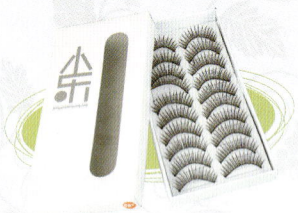

步骤1 在粘假睫毛之前一定要先夹翘真睫毛，以保证与粘上的假睫毛方向一致。

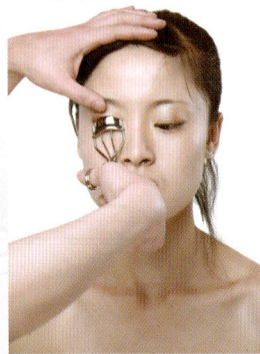

步骤2 **步骤3** **步骤4** **步骤5** 夹睫毛时应将睫毛根部、睫毛中部、睫毛顶部依次夹翘，这样看起来才会流畅自然。然后还要将内眼角睫毛及眼尾的睫毛夹翘，这样才会和假睫毛融为一体。

步骤6

步骤7

　　我们要根据模特儿睫毛的宽度、长度和密度来修剪假睫毛，将睫毛修剪成参差状，更加自然逼真。

步骤8

步骤9

步骤10　将专用的胶水涂在修剪好的假睫毛根部。

步骤11 　将涂过胶水的假睫毛的两端向中间弯曲，使其与眼皮的表面弧度相符，以便于粘贴。

步骤12　步骤13　步骤14　步骤15　　等胶水稍干后再用镊子夹住假睫毛，眼睛向下看，将其紧贴在自身睫毛根部的皮肤上，由中间至两侧轻轻按压贴实。

步骤16 贴实假睫毛后，再用睫毛夹将真假睫毛一起夹弯，使它们的弯度一致。

步骤19 将下睫毛也刷上睫毛膏。

步骤17 步骤18 然后再涂抹睫毛膏。（当然睫毛长的美眉不需要粘贴假睫毛，只需要涂睫毛膏就可以了，这样看起来会更加的真实自然。）

步骤20 　　接下来用小镊子或者棉棒把粘在一起的睫毛捋顺了，根根分明，这样子会让你的眼睛看起来更加炯炯有神。

步骤21 　　然后用眼线膏在睫毛根部进行描画。（注意：要将睫毛胶遮盖到不露白）。

步骤22　**步骤23** 　　最后在眼角处进行提亮，整个睫毛造型就完成了。

画眉

步骤1 从眉腰开始入手，顺着眉毛的生长方向，描画至眉峰处，形成上扬的弧线。

步骤2 眉头与内眼角在同一垂直线上。

步骤3 从眉峰处开始，顺着眉毛的生长方向，斜向下画至眉梢。

步骤4　眉峰在整个眉部的2/3处，形成下降的弧线。

步骤5　接下来，我们要使用唇彩由眉腰向眉头处进行描画，使尾毛更加立体有型。

展示图

步骤6　最后用螺旋形眉刷轻扫整个眉毛，使其更加柔和流畅。

打腮红

步骤1　步骤2

　　腮红可以让我们每个人呈现出健康的皮肤外观，营造出红润的感觉。美眉们选用的腮红颜色一定要与你选用的眼影色、口红色及肤色相协调。可将腮红涂于我们微笑时的笑肌上，但切记不可超过外眼角的水平线。

修容

步骤1　步骤2

　　我们可以利用阴影色来掩饰宽大的两腮及额头。这样可以使面部看起来柔和圆润。

步骤3 **步骤4** 选用浅色修容粉涂于面部的内轮廓，利用亮色加强额头中部、颧骨上方及下颌部，使面部的中间位置突出。深色用于外轮廓，并将阴影色涂于额角、两腮及下颌角两侧。

步骤5

最后，在鼻中部做提亮，鼻翼两边做暗影，注意暗影不要做得太多，要协调，不然会明显出现两条黑印，这样我们的修容步骤就完成了。

化嘴妆

设计唇形：根据唇部自身条件，设计理想的唇形，确定各点：在上唇确定唇峰的位置，在下唇确定与唇峰相应的两点。

步骤1 勾画唇线：连接确定好的各点。

步骤2 涂口红：涂口红的方向与勾画唇线的方向一致。

涂高光色：在下唇中央用亮色口红或唇彩进行提亮。

044

第3章

十五款
精致妆容

迷你电眼妆

在日常关注的日本杂志里，看见麻豆们几乎都拥有超级精致的电眼，真是让人羡慕不已。想在这个情人节以不一样的妆容去见男朋友，要怎样才能画出日本麻豆们的电眼妆？需要注意哪些技巧呢？不用着急，很多漂亮美眉的问题小乐都收到了，现在小乐就请来了一位美女教我们一步一步地打造日本麻豆的超级电眼妆，喜欢此妆容的你一定不能走开。这个浪漫的情人节为自己的眼妆神奇地充充电吧！

化妆前

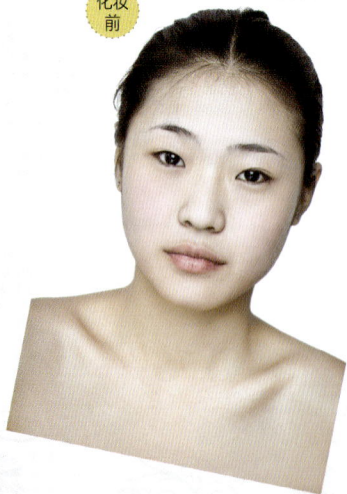

步骤1 化妆前进行修眉工作，这样妆容才能更精致。

步骤2 用粉底刷将粉底液轻轻涂于面部，建议这款妆容粉底颜色选择不宜过白，可选用贴近肤色的自然色。

步骤3 用大号粉刷蘸取透明散粉定妆，粉质要轻薄，不宜过厚。

步骤4 用眉刷蘸取棕色或浅灰色眉粉，画出立体眉形。

步骤5

用睫毛夹夹翘睫毛，注意不要过于用力以免夹断睫毛。

步骤6

要想拥有超级精致的电眼，必须画上浓黑流畅的眼线。眼线要紧贴睫毛根部去画，外眼角要画得稍稍挑起。

步骤7

紧贴睫毛处粘贴上仿真假睫毛，为了使眼睛更加放电，粘贴两层效果会更好。

步骤8

用金棕色眼影涂抹在眼窝之内，外眼角部位可用咖啡色加深，这样会使眼睛电力十足。

步骤9 用咖啡色画下眼影，下眼影要自然衔接上眼影，面积不要画得过大。

步骤10 用金色珠光眼影提亮眼角，眼睛会立刻闪耀起来。

步骤11 用橘色腮红修饰面部，会使面部更加有立体感。

步骤12 最后涂抹上淡淡的唇彩，唇彩颜色不宜过重，这样才能更加突出电眼妆的魅力。

圣诞妆

印象中的圣诞节是雪花纷飞的漫天白色吗？其实也不一定，也可以是色彩缤纷，在圣诞马上要到来之时，小乐也为各位美眉带来了大家喜欢的色彩缤纷圣诞妆。想要打造出不一样的彩色圣诞节，就赶快跟着小乐的步伐学习这款迷人的圣诞妆。

化妆前

步骤 1 清洁完面部肌肤之后，先用眉刀修整出自然的眉形。

步骤 4 用大号粉刷蘸取透明散粉定妆，轻轻地刷在右脸笑肌处，粉质要轻薄，不宜过厚。

步骤 2 **步骤 3** 用粉底刷将粉底液轻轻涂于面部，为了使底妆更加轻薄剔透，可在涂抹粉底前进行肌肤补水。

步骤5　用同样的方法将散粉刷在左脸笑肌处。

步骤8　用睫毛夹夹翘睫毛，注意不要过于用力，以免夹断睫毛。

步骤6　步骤7　用眉刷蘸取棕色或浅灰色眉粉，顺着自然眉形淡淡地描画。

步骤9 圣诞妆的重点在于用绚丽缤纷的色彩来体现圣诞节的欢快气氛。眼影采用浅浅的柠檬黄、浪漫的草莓红、清爽的天蓝色混搭，一起打造出绚丽的色彩。

步骤10 画完绚丽的眼影后，可紧贴睫毛根处画出流畅的眼线。

步骤11 **步骤12** 粘贴上浓密纤长的睫毛会使眼睛更加可爱。

绚丽的圣诞妆容，嘴唇一定要选用粉色系列的荧光唇彩来进行涂抹，这样唇部会更加立体诱人。 **步骤13**

水果妆|

　　每年很多人期盼的季节便是春天，春天早已成为时尚世界中最朝气蓬勃的季节。各种春季的时尚发布会此起彼落，时尚的T台上总有演绎不完的春季流行元素。不过记忆最深的还是时尚清新的水果感觉：透明清爽的水果妆，见于各种服饰配色的水果色彩，以及弥漫于空气中的水果香型，让人觉得这个春天特别清新宜人，春天的滋味应该也尽在其中了。

化妆前

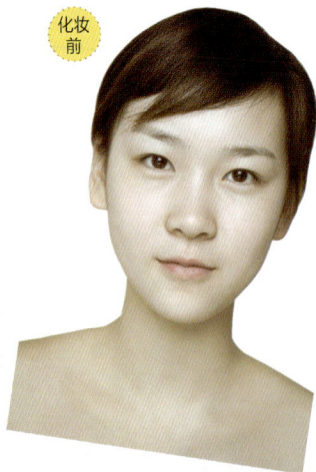

步骤1 在化妆前先用眉刀修整出自然的眉形。

步骤2 营造轻盈透明的肌肤，用手指或粉底刷将粉底液轻轻涂于面部，一定要选择亮色的粉底液。

步骤3 用大号粉刷蘸取透明散粉定妆，定妆可选用稍微含有珠光质感的散粉，让粉底与肌肤完全地贴合。

步骤4 步骤5

将睫毛夹轻放在睫毛根部，轻轻地合拢睫毛夹并把睫毛夹向上翻起夹翘睫毛。

步骤7

水果一样的绚丽多彩，确定了整个妆容的主色调。浅浅的柠檬黄、嫩嫩的苹果绿、迷人的葡萄紫，以不同的眼形来确定眼影描画的方法。

步骤6

眉形不要刻意描画，眉色浅或者眉毛稀少的人，用眉刷蘸取棕色或浅灰色眉粉，顺着自然眉形淡淡描画。

步骤8 为了使眼睛更加明亮，用眼线笔沿着睫毛根部画上流畅的眼线。

步骤9 粘贴上仿真假睫毛会使眼睛更加炯炯有神。

步骤10 可以在眼角和眉骨处刷上银白色珠光亮粉，增加明亮度和立体感。

步骤11 清新水果妆越自然就越美丽，不画唇线，用闪亮的、带有光泽的唇彩或唇冻表现嘴唇。

工作面试妆

面对这个竞争越来越激烈的社会，刚步入社会的毕业生为了在面试中能够胜出，找到自己满意的工作，想过很多办法，比如搭配漂亮的衣服、打扮时髦的发型等，但最为重要的还是少不了一个得体的妆容。现在小乐就来教美眉如何化一个淡雅精致的面试妆，只要大家掌握了其中技巧，相信自己将能在面试中表现得与众不同，并给面试官留下深刻美好的印象。

化妆前后的效果图，差距还是很大的。化妆后看起来更加充满自信且有气质，最主要是使人看起来自然而不失潮流感。下面我们就来跟小乐一起学习面试妆的技巧。

化妆前

化妆后

首先我们先做一下妆前清洁，然后做护肤

步骤1 面试妆对遮瑕膏的应用要求更加精细且不露痕迹。需要大家注意的是要把遮瑕膏细细地涂在眼袋下方，而非眼袋上，然后轻轻地拍打均匀。

步骤2 也可用海绵轻拍鼻翼旁的法令纹位置，减轻这里的阴影。不要试图用浅色粉底令肤色增白，那只会像戴了假面具。其实粉底与肤色越接近越好，在瑕疵处稍稍增加用量，令肤色均匀，就能显得自然白皙，最后使用散粉控制油光。

贴心提示

如果觉得自己的肤色不错，那么你可以选择打上当前非常流行的荧光散粉，它能起到提亮肤色的作用。但是如果你感觉你的肤色比较暗黄且黯淡的话，那么，你应该先涂抹一层粉底，然后再涂抹上荧光散粉。

步骤3 用眼线笔从内眼角向外眼角紧贴睫毛根部流畅地描画。

步骤4 要采用渐进式的上色方法。

步骤5 画好后再将眼线边缘轻微晕开。

步骤6 用剪刀修剪好美目贴。

步骤7 美目贴的修剪长度根据眼形来定。

步骤8 粘贴时以压于眼部褶皱线偏上0.1mm的位置为佳。

步骤9 面试妆的眼影只需从眼尾往眼头位置淡淡地晕染均匀，看起来有点轮廓即可。还可以在眼线上稍微用点深棕色的眼影粉加强效果。

步骤10 将睫毛夹放在紧贴睫毛根部的位置，再将睫毛夹轻轻向上抬起。

步骤11 刷睫毛膏需要注意的是睫毛一定要刷得黑黑翘翘的，均匀自然，这样才显得比较精神。

贴心提示

面试中目光的接触是相当重要的，所以，眼部的化妆需要特别注意。如果要涂抹眼影，最好选用淡淡的小麦色，它可以让你的眼睛变得更加明亮。

步骤12 用眉笔清晰地画出眉形走向。眉形不要修得太平，眉峰清晰，可增加自信感，但也别过分夸张。

步骤13 要是眉毛非常松散，可用眉笔另一端的眉胶把眉毛梳理得清晰整齐。

步骤14 面试妆的唇妆只需淡淡的色彩，不可太过鲜艳亮丽。面试时一样要用唇膏令嘴唇轮廓清晰。

贴心提示

拍简历照时，眉妆的颜色要略深一些，以免在强光下出现眉毛"消失"的情况。

步骤15 还可用唇彩轻点唇的中央，令双唇丰满一些，使面对面的交流更加生动且吸引人，而过于纤薄的嘴唇会让人产生不信任感。

贴心提示

但相对于唇膏而言，唇彩最大的缺点是容易脱色，如果你选择涂抹唇彩，记得要及时进行补妆。而如果你本身非常适合涂抹红色调的唇膏，面试时可以选用此类色调的口红，不过或许可以考虑将色彩艳丽度稍微降低，以平常使用的红色调唇妆产品混合褐色调的唇膏效果会更好。

步骤16 腮红可选取较淡的颜色，若有若无，营造红润自然气色。

步骤17 可在笑肌位置用腮红刷出淡雅粉色系效果。

步骤18 由外往内以画圆圈的方法刷上腮红，自然过渡，给人留下清新可人的印象。

职场面试妆的重点就是底妆要轻、透、薄，越自然越好，如果有黑眼圈、痘疤，一定要记得用遮瑕笔修饰，搭配腮红和唇蜜，才能突显好气色和好肤质。化好一个自然的底妆是职场的基本礼仪，青春而不失正式，清新雅致。

小贴士

面试妆大忌：

1. 浓妆艳抹的夜店妆。

2. 贴了好几层的夸张假睫毛。

3. 黑色指甲油或是做得很花哨的水晶指甲。

4. 色彩不自然的瞳孔变色片。

白领职业妆

现代女性社交频繁，她们除了要熟练地掌握化妆技巧，还需要根据不同场合营造出不同的感觉和氛围。生活妆追求自然美，不宜过多地流露化妆的痕迹；晚宴妆着重从形和色上给予适度的艺术夸张，以表现女性妩媚、华丽的形象；职业妆因为受到办公环境的制约，在妆面上必须给人以优雅、干练及稳重的职业形象。

对白领女性来说，化妆是工作内容中必不可少的部分，得体的职业妆容主要在于一些关键技巧的掌握。

化妆
前

化妆
后

步骤1 步骤2

　　使用底色的要诀是将肤色自然的美感充分地表现出来，因此粉底的选择是以自己的肤色为基础，稍明一些或稍暗一些都可以。黄褐色是一种健康年轻的颜色，使用它不仅可以适当地遮住你脸上的瑕疵，还可以让你显得朝气蓬勃。无论选择哪种底色，都切忌涂厚。

步骤3

为保证面部无油腻感而又不失透明度。颊红应以暖调为主，为了使肤色显得更明快，应选择粉红色或橙红色的定妆粉，因为粉红色是健康的色彩，而橙红色是较有个性的颜色。

步骤6

再用眼线笔描画出下眼线。刚劲有力的眼线可以提升眼神的吸引力，还可以强调妆容的职业感。

步骤4 步骤5

用眼线笔沿着上眼睑睫毛根部进行描画，在眼尾处微微拉长呈现出清晰的眼线，并用眼线笔将睫毛根部填实，不留空白。

步骤7　步骤8

用晶沙色眼影在眉骨处提亮，衬托眼窝立体度。再将双色眼影中的浅色眼影涂抹在眼窝处，使眼睛更明亮。眼褶处使用双色眼影中的深色眼影，使眼睛更深邃。

步骤9　步骤10

将睫毛膏一根根涂在睫毛上，上下都要刷到，精致上扬的睫毛能展示出明亮有神的效果。

眉毛的形态可以说是左右办公职业妆印象的关键。因为眉毛可以使人的面部表情发生变化，眉过细或眉向下，都会给人不可信任的感觉，并且在画眉时，尽量避免处理得过于"女人味"，稍粗些的眉毛会使人看上去很能干，眉峰尖锐则会显得精明，果断。

步骤13　步骤14

腮红的色调不可强过于唇彩，重点在于利用柔和的色彩使整个妆容更加亮丽，能缓和办公室的紧张气氛。

步骤15　步骤16　　　　唇部的色彩自然是精美唇妆关键，颜色过暗或过艳，或唇形夸张都不适合办公环境。粉色系与橙色系的唇妆，无论到哪一个办公室都会备受喜欢。

步骤17　步骤18　　　　眼部的色彩与颊红、口红要一致，最后可做稍微的调整，这样能给人稳重的好印象。

白领妆最重要的就是一个精致透明而且无瑕疵的底妆，无论是你的上司还是你的客户见了你，都能感觉到你充沛的活力。也可以搭配造型别致的框式眼镜，更能突显女性在职场上的独特魅力。

小贴士

眼影：晶沙＋栗棕

眉笔：棕色

眼线：棕色

睫毛膏：棕色、黑色

唇线：豆沙红

唇膏：太妃红、玛瑙贝

唇彩：晶摩卡或雪晶莹

腮红：流金蜜语

阳光学生妆|

　　模特原本的肤色偏暗且肤质不细腻，再加上大卷的成熟，不是很符合朝气学生的特征，下面就让小乐为她来个清新大变身吧！

化妆前

化妆后

步骤1　脸部清洁，拍上化妆水，擦上乳液，再涂上粉底，由内至外轻轻地推匀。

步骤2　使用遮瑕膏，在需要修正或遮瑕的部位轻轻地点上。遮瑕膏或盖斑膏最好选用比肤色稍浅一点的产品，可以涂抹在黑眼圈上或有斑点的地方。

步骤3 步骤4　先用眼线笔沿着睫毛根部勾勒出眼线，并用眼线笔将睫毛根部填满。

步骤5 步骤6　然后进行眼部彩妆的处理，这里给模特用的是银灰色眼影，较为自然。用平涂法将其平涂于整个眼睑处，不易过高。

步骤7 然后用睫毛夹将睫毛夹翘，由睫毛根部开始渐渐向外移，反复几次将其夹卷，再涂上睫毛膏。

步骤10 刷腮红，使用腮红刷蘸上腮红粉，刷完腮红后可以用腮红刷把多余的粉均匀地轻刷于全脸。

步骤8 **步骤9** 用浅色的眉影粉，顺着眉形的走向，呈现出自然的弧度，眉毛下面的线条要整齐，突显出学生的青春活力。

选择与唇膏颜色相近的唇线笔，画出自己喜欢的唇形，再用唇刷蘸唇膏填满双唇。

步骤12 **步骤13**

步骤11 刷上蜜粉，粉刷沾上蜜粉后弹掉多余的蜜粉，然后依次序刷于双眼、鼻子、嘴边及脖子。

假期悄然过去了，临近开学，是不是想要为自己换个形象，换种心情呢。那么，就赶紧变身为活力四射的阳光美眉吧，突显出清纯、青春、自信的气质。化个淡妆，不要有过多着色，再从衣橱里挑选一套你喜欢的衣服。这样的你，面若桃花、自然清新、青春无限，一定能让同学们眼前一亮，怎么样，开始心动了吗，那就赶快行动吧！

可爱娃娃妆

俏皮可爱的娃娃妆是很多女生的最爱，娃娃妆的化妆诀窍是突出明亮美丽的大眼睛，以紧贴眼线的"重描上眼线法"突出眼眸的魅力，下眼线则淡淡地一笔带过。睫毛也是娃娃妆的化妆重点，可以用加浓加长的睫毛膏，营造出可爱芭比娃娃的形象，让你在人群中散发出独特光芒。

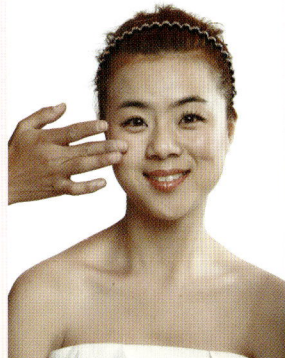

化妆前

化妆后

步骤1 先用粉底液打底，粉底液中加入晶亮乳液营造肌肤透亮感（这种晶亮乳液可以涂于整个脸部，因为它不会让脸部变大，而是让人感觉到从肌肤散发出来的光泽）。

温馨提示

黑眼圈不必刻意掩盖，可用眼线笔塑造层次感，再用刷子刷上蜜粉，利用刷子刷蜜粉会更薄且透明度较高，如果用粉扑会影响透明感。使用晶亮蜜粉，带有珠光感。

步骤2 步骤3 用刷子蘸防水眼线膏描画眼线，可画粗一点。因为眼线是娃娃妆的一个重点。画眼线时尽量靠近睫毛根部。眼窝抹上珍珠色眼影，可修饰眼周暗沉颜色。以银白色防水眼线笔在眼头及下眼睑的位置描画，这样看起来下眼线黑白分明。

温馨提示

下眼睑晕开及眼线不明显时可再压一层亮白眼影粉，让其饱和度比较高。

步骤4 步骤5　贴假睫毛时，注意把假睫毛剪成小段，从眼尾开始逐段粘贴假睫毛。

步骤6 步骤7　睫毛膏以Z字形刷法往上拉（包括下睫毛），睫毛要刷出浓密而且根根分明的感觉。睫毛稀疏的人适合用浓密型睫毛膏或用打底睫毛膏打底。

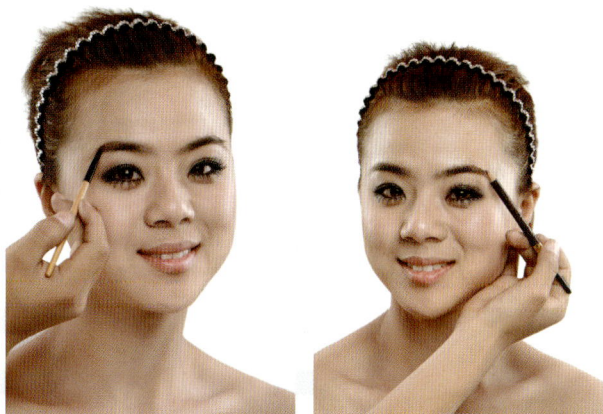

步骤12　使用肤色调口红为唇部打底，掩盖较深色唇部。在唇中央涂上珠光唇彩。自然唇色的画法：唇彩涂在上下唇的1/2处再往外推开，视觉上才会有樱桃小嘴的感觉。

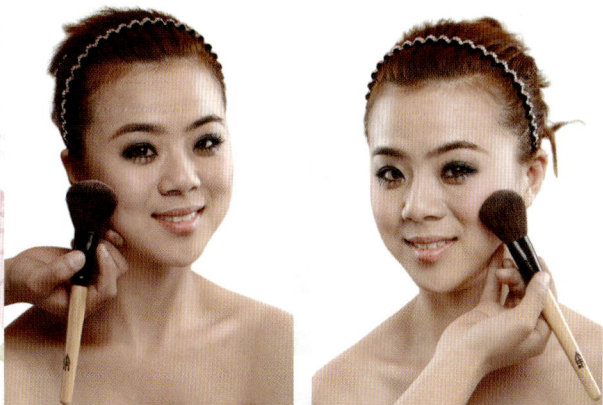

步骤8　步骤9　先用眉笔从眉头开始，描画眉底线，利用咖啡色眉粉淡淡刷出眉形，将眉底线晕开。眉笔画出的眉毛具有笔触，画完后用刷子刷开笔触。

步骤10　步骤11　用淡紫色腮红制造好气色，腮红画在笑肌（即眼睛下方的地方）上。使用珠光腮红让娃娃妆更可爱。

可爱的芭比娃娃是很多女生心头的最爱，如果你也试着改变一下，变成可爱无敌的芭比娃娃就更完美了。

小 贴 士

芭比娃娃妆加强版：

以蓝绿色眼影画在眼线上方，因今年流行的蓝绿色能呈现出缤纷的感觉。但加强的眼影不可画得太高，刚好在双眼皮褶皱中即可。下眼尾也画上蓝绿色眼影。

生活休闲妆

休闲妆讲究的是清新活泼、富有朝气的感觉，所以选择的颜色应相对比较温柔、甜美。通常以突出眼睛的柔美和双颊的红润为主，表现出现代女性温柔与利落且兼具气质的一面。

生活妆的重点：自然、淡雅、大方。

化妆前

化妆后

温馨提示

　　紫色粉底：适合给偏健康肤色的人使用，因紫色与黄色互补，会让肌肤比较透亮。白色粉底：皮肤白皙的
人如果希望让自己的皮肤看起来更亮更白，可用白色做修饰，或者可以在整个彩妆化完后打T字区时涂抹。

步骤1　步骤2　步骤3　步骤4　　采用单一的肤色粉底乳上妆，不作立体修容，只在眼部用粉底修饰黑眼圈。

步骤5 用单一色的透明蜜粉定妆。

步骤6 平眉设计，先用棕黑色眉笔勾勒出恰当的眉形，轻轻描画，顺着眉腰往眉尾颜色逐渐变淡，眉尾用稍微隐藏式的画法。

步骤7 再用睫毛膏轻轻地顺着眉毛生长的方向描画，使眉毛更加有立体感。

步骤8 步骤9 用蘸水式眼线笔在睫毛根部描画。然后蘸取含珍珠光泽的咖啡色眼影，从眼头画至眼尾，完全不强调层次感以加强延伸表情。休闲妆注重的是自然，在使用眼线时可以只勾勒靠近眼尾1/3处，也可以用棉签再加以晕染。

步骤10　选取适合自己眼形弧度的睫毛夹，将睫毛夹的弧度与眼睛的弧度吻合，使睫毛夹达到最贴合睫毛根部的位置。先轻轻用力，将睫毛夹向上提升60°。再稍微用力，将睫毛夹向上提升至90°。然后使用一拉一放、一拉一放的手法，向上夹至睫毛最尾端。

步骤11　在眉骨处用晶沙色眼影提亮，增加眼部光彩。

步骤12　用粉色眼影在内眼角处做点缀。

步骤13　在靠近眼尾处用天海蓝色眼影中的浅蓝色或者水粉橘中的橘色，两组色系搭配，更能展现你的温柔、甜美。

步骤14 **步骤15** 　用睫毛膏由睫毛根部往外刷，这样涂抹的睫毛不易下垂。将下睫毛一根根刷顺，增加眼睛的神采。

步骤16 　休闲妆的气色很重要，所以腮红必不可少，脸部呈微笑状，双颊突出的位置就是腮红的位置。腮红为粉红色，以娃娃妆的方式画出圆形的腮红，表现出自然感。

步骤17 **步骤18** 　选用接近唇色的唇膏和唇线，最后选择与唇膏相搭配的唇彩，这样的唇色自然光亮，在不经意间流露出清透的闲适感，唇彩与腮红同为粉色调。用唇刷直接蘸上带有粉色调的藕色唇膏画满全唇后，再蘸点带有珠光的唇膏涂在唇上加强质感。

化妆，真的可以改变一张没有生气的脸，而具有朝气的妆容，不但能让你看起来活力十足，而且能让你在同事和客户之间的沟通中更得心应手。

小贴士

色调搭配：

眼影：粉色+浅蓝色、晶沙

眉笔：灰色或黑色

眼线：灰色或蓝色

睫毛膏：蓝色、紫色、黑色

唇线：粉红色

唇膏：粉雏菊、天堂粉

唇彩：粉水晶或雪晶莹

腮红：酒红甜言

迷你烟熏妆

　　我想，很多美眉都想知道烟熏妆的化法，烟熏妆虽然好看，但是化起来要比一般妆容麻烦很多，相信尝试过烟熏妆的美眉都应该知道如果技巧掌握不对，就有可能成为大花脸。那么，现在小乐就把在研究烟熏妆方面的独特小技巧传授给各位美眉。

　　想要化好烟熏妆，就先要了解烟熏妆的范围。以个人眉骨做界线，在眼睑处从下至上涂抹深色眼影，从眉骨上方至眉毛的范围则以浅色渐渐晕染即可。不要将整片眼皮都涂上眼影，只要在眼窝部位上色即可，眼影色尽量选择灰蓝或灰绿，眼线则以黑色、蓝色或棕色为主。

化妆前

化妆后

步骤1 步骤2

模特肤质不错，可以直接用粉底液打底，因为模特脸形比较宽，不合适用增白一度的肤色粉底液，选择的是略暗一度的粉底液，散粉定妆后会和自然肤色贴和，可用手轻轻地晕开粉底。

步骤5 模特眼部比较小，所以眼线需要粗一些，这样可以起到加大眼轮廓的效果，眼线在眼尾处稍微拉长，使得眼部整体拉长。

步骤3 然后，用浅象牙色粉底膏提亮T区（包括眉骨）与眼下倒三角区，鼻梁只需要提一半。注意高光区与粉底区的衔接。

步骤4 用暗影底膏打暗影，包括颧骨下方与下颌部分。同样需注意过渡与衔接。用浅肉色散粉按压高光区进行定妆，用肤色暗一度的散粉按压其他区域。

眼影的颜色选择的是传统烟熏妆的亚光黑色、亚光咖啡和珠光银灰3种颜色，很适合模特的气质，而且黑色烟熏更能扩大眼部轮廓。先刷上咖啡色，用中指指腹将其晕开，周边可用圆头眼影刷加点晶沙白融合，制造于眉弓处渐淡消失的效果，最后，在眉弓处补点白色，加强眼影对比效果。

步骤6 步骤7 步骤8

很明显，模特短短的睫毛很难和整个妆面配合，需要稍浓密的假睫毛来配合，贴睫毛的位置稍微提高一点，这样整个眼妆效果会更好，但是注意要夹翘自身睫毛，并且贴好假睫毛后一起夹刷，千万不要造成真假睫毛脱节的现象。

步骤9

步骤10 步骤11

腮红采用的是带点紫的粉色。由外往内打圆式刷上腮红，增强面部的红润感。

步骤12 步骤13

烟熏妆容唇色不是重点，但是一定要淡雅，因为这样才能突出你迷人的眼妆。颜色根据自己的喜好而定。

迷你烟熏妆是一款能让女性魅力倍增的妆容。时尚前卫，领先潮流，让你看起来更加妩媚动人，而且还能够起到塑造大眼睛的效果，最适合眼窝不够深邃的东方女性。

魅惑性感妆

爱美是女人的天性，飘逸的波浪长发成为妩媚性感的重点。用红色亚光唇膏来强调嘴部的性感，整个造型极力打造出优雅、完美女性的无限魅力。

化妆前

化妆后

下面小乐为大家介绍一款比较有女人味的妆容。首先是将面部清洁，做面部妆前护理。

步骤1
用眼线笔沿着睫毛根部进行描画，在眼尾微微拉出清晰的长眼线，颜色可略重。

步骤2
用咖啡色描画下眼影，下眼影要自然衔接上眼影。

步骤3
紧贴睫毛处粘贴上仿真假睫毛，粘贴两层效果会更好。

步骤4　用眉笔从眉头到眉尾淡淡地描画，眉峰的颜色是最重的。

步骤5　腮红无须过多的修饰，在笑肌处用结构式打法。注意腮红不宜过厚。

步骤6　步骤7　根据唇部的形状描画唇线，涂上口红，嘴角要稍稍上翘。也要按照上下嘴唇的比例1:1.5来进行描画。这样整个妆就完成了。

热恋中的他是否已经厌倦了你邻家小妹妹般的平凡了，今天的约会你将化身魅惑小猫女，打造出一个魅惑性感妆是关键，不仅妆容发生了改变，连表情和动作都会不一样，你心仪的他会不会喜欢？

高贵丽人妆

高贵典雅的妆容永远是社交场合的亮点，如出席盛大的晚宴或参加华丽的舞会等，由于时间多数在晚上，场合多以灯光为主，因此，化一个高贵艳丽的妆容最适合不过了。

那么现在小乐就来教大家如何打造出高贵丽人妆。

化妆前

化妆后

步骤1 在打基本底之前要做妆前护理，由于这款妆面是晚妆，所以我们选择比模特肤色偏白一些的具有较强遮盖性的粉底霜进行打粉底。

步骤2 采用轻拍轻擦的方法依次涂抹于面部各个部位。

步骤3 将面部上的一些色素沉着及瑕疵的部位涂抹得厚一些，从而达到有效的遮盖效果。

步骤4 涂完粉底后，选择与肤色相同的有色定妆粉进行定妆。

温馨提示

　　用干粉扑蘸取定妆粉轻拍在额头部位、鼻梁部位、人中部位、下颌部位、面颊部位及上下眼睑部位。在涂抹下眼睑时，一定要让模特睁开眼睛向上看，这样会使下眼睑的皱纹没那么明显。拍定妆粉时应注意：不可以用干粉扑往脸上擦，要以拍压的方式进行。为了使面部立体效果更为明显，要对面部做第二次修饰。用阴影刷蘸取浅咖啡色的阴影粉轻刷在颧弓下陷的部位，这样会使面部的凹面更加柔和自然，再用刷子蘸取白色的亮光粉，轻刷在额头部位、眉骨部位、颧骨部位、鼻梁部位及下颌部位，使面部凸面更加鲜明突出。

步骤5 用眼影刷蘸取金黄色的眼影粉涂抹在内眼角部位上。黄色为明亮色，有突出眼部的效果；用眼影刷蘸取紫色的眼影轻刷在外眼角部位上，使眼窝显得凹陷。将下眼影涂抹在下眼睑睫毛根部，达到与上眼影呼应的效果。其中紫色象征高贵、典雅，所以比较适合用做晚妆的眼影。用眼影刷蘸取黄色珠光闪粉涂抹在内眼角部位上，可使妆容在灯光下更加光彩照人。

步骤6 用眉刷蘸取浅咖啡色的眉粉沿着眉毛的生长方向轻轻地刷上，用力要均匀。然后再用深咖啡色的眉笔将眉毛下沿部位勾勒清晰，使眉毛有上沿轻、下沿重的自然效果。眉头要画得浅淡些，眉峰要画得浓重些。高贵丽人妆为晚妆，所以眉毛的颜色可描画得偏重一些。画眉时一定要根据脸形来设计眉形，使面部整体协调。

步骤7 用荧光唇膏涂抹在唇的两唇峰部位及下唇的中央部位。

这样，一款出席晚宴的高贵丽人妆就完成了。

步骤8 然后均匀地涂开使唇部的色彩更加艳丽。

步骤9 用胭脂刷蘸取玫瑰色的胭脂，轻扫在颧骨部位。要反复涂刷，与肤色相融合，使面部体现健康的肤色。再用干粉扑轻拍在涂胭脂的部位，使胭脂更加柔和自然。

精致的华丽感，除了用皮草演绎，更要用立体感的妆容打造，一丝不苟的妆容从小细节中透露出时尚女性的优雅韵味，高贵丽人妆带给我们的不仅仅是华丽的外表，更是一种高贵的生活态度。

个性非主流妆

非主流妆容比较讲究个性和自我的风格，非主流眼妆同样如此。非主流大眼妆怎么化，如何化出上镜的舞台非主流烟熏妆，想要加入非主流行列的美眉们就赶快来学学吧！

这样的眼妆应该算是浓妆了，所以更适合舞台或是拍摄时打造，日常妆容看起来会稍显夸张一点，所以想要知道舞台妆化法的美眉，这款非主流烟熏妆就是最好的选择了。

化妆前

化妆后

步骤1

先用眼影刷蘸取黑色眼影粉描画眼部妆容，要下深上浅画出层次感。用少许黑色眼影过渡下眼影，让眼睛更加亮丽。

步骤5 最后在两颊部位扫上粉嫩可爱的腮红，这样一款既张扬又可爱的非主流妆就完成了。

步骤2 **步骤3** 粘贴上下眼睑的仿真假睫毛，下睫毛也要粘贴得很长，这样才能彰显个性的味道。其实妆容画法技巧与烟熏妆有些相似，但非主流妆更显个性张扬，其重点便在于仿真假睫毛的使用。

步骤4 用淡橘色的唇彩涂抹唇部，颜色要自然大方，这样才能更加突出眼部的妆容。

非主流妆容风潮势不可挡，装扮中夸张的眼妆是目光的焦点所在，非主流妆容让美眉变身卡通片中的女主角，除了能惊呼出"卡哇伊"的惊叹之外，没有更好的形容词来概括非主流妆容了。还等什么？赶快学习一下让自己美丽大变身吧。

冷艳金属妆

金属珠光的妆容，源自T台的灵感：模特自然而有光泽感的肤质，金铜色调渐变得恰到好处的眼妆，看上去非常有大牌明星的感觉。今年矿物彩妆非常流行，无意间散发出诱人的熟女味道，你难道不想尝试一下吗？

皮肤白怎样化？

的确，这款妆容更适合小麦肤色的人，假如你肤色偏白，将所有颜色的饱和度降低，如浅金、蜜糖色和金橘色搭配的眼妆，让颜色中少一点黑，为你的白皙肤色大大扩散出摩登感。

珠光彩妆容易显脏怎样办？

好的眼影应该很贴合，所以选用眼影时，要检查产品是否易掉渣。眼妆显脏是因为眼影涂得不够贴合、不够均匀，所以用眼影刷仔细反复晕染20次以上，尤其是两种颜色交接的地方要反复涂抹，这一细节很重要。

化妆前

化妆后

步骤1 淡化眉形。眉色要选用介于最深的眼影色和最浅的眼影色之间的颜色。

步骤2 先用一款基础浅褐色涂满整个眼窝打底。晕染位置不易过高，靠近眼线处颜色最深。

步骤3 再用有光泽的金棕色勾画出双眼皮两倍宽的弧度。

步骤4 最后用黑色眼影粉画眼线，紧贴睫毛根部仔细描画并稍稍拉长眼尾。

步骤6 然后贴上浓密乌黑的假睫毛。

步骤5 轻夹睫毛，使真睫毛上翘，这样才可以使真睫毛和假睫毛融为一体。

步骤7 步骤8 下眼线先用棕色眼线笔进行描画，再用眼影刷蘸取一些深金棕色的眼影轻轻地扫过。

步骤9 用浅浅的蜜糖色珠光腮红在两眼之间的鼻骨位置、下颌和两颊做稍稍提亮，深色的腮红在两颊处打造出阴影感。

步骤10 用淡橘色的唇彩涂抹唇部，颜色要自然，这样才能突显出金属妆容的冷艳。

以往玩金属妆容，多数是在大节日，或是在各种派对上才能大派用场，还要用含有闪粒闪粉的眼影、唇彩来塑造浮夸耀眼的妆容。然而当过分造作的妆容不再受美眉欢迎时，金属色系则变成秋冬最能营造冷艳高贵妆容的色调。妆容的效果自然简洁，即使运用于日常上班的妆容上，也很清新优雅。

酷感中性妆

　　根据模特的肤色，让整款彩妆的色彩以暖调肤色作为基调，表现出干净、透明与自然的立体感。酷感的中性妆设计，可展现出个人特性，同时，这种色调在东方人的肤色上不会产生太大的色彩反差。

化妆前

化妆后

步骤1 | 用黑灰色眉笔描画出自然眉形。

步骤2 | 再用眉刷蘸取咖啡色眼影粉进行上色。

步骤3 眼线从内眼角往外眼角重叠上色，颜色略淡。

步骤4 用眉刷从眉头至鼻翼处渐渐刷出侧影，但阴影不宜过重，在T区进行提亮，使鼻子更有立体感。

步骤5 眼影应选用浅肤色和浅咖啡色两种颜色。

步骤6 利用腮红打造阴影，塑造帅气十足的脸形，让魅力的磁场无限蔓延。

步骤7 正确选择腮红的颜色是让整体妆容成功的关键，建议用比肤色深些的咖啡橘色。

步骤8 唇彩色与眼影色一致，使用浅肤色与咖啡色，并加一层护唇油。

中性风已经流行了几年，热度依旧丝毫不减。当你想做一款中性感觉的造型时，妆容自然也要应景才可以。

给男友化的妆

　　当你自己打扮得漂漂亮亮出门的时候，是否忽略了给你身边的男朋友？给他打扮一下，让他也变成时尚潮人吧。当你如花痴般迷恋韩剧里的男主角时，你有没想过其实也可以把自己的男朋友打扮得那样帅。电影里的男主角终究是可望而不可即的，与其继续迷恋他们，还不如行动起来，将你的男朋友打扮成韩剧里的男主角，让其他姐妹们都羡慕不已。现在，小乐就教各位美眉怎样给自己的男友化一个自然的妆容，非常适合两人一起去参加朋友聚会哦。

　　谁说化妆是女人的特权，化妆的男人不同样也显得更加干练、更加帅气逼人吗？

化妆
前

化妆
后

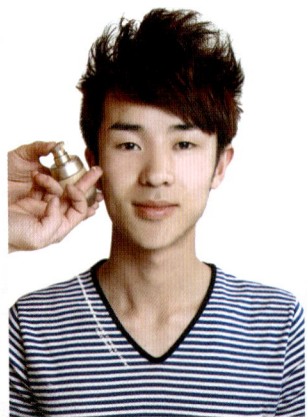

步骤1　步骤2　利用中指指腹蘸取少量粉底，点在脸部的各个部位上。

步骤3 步骤4 以T字部位为中心点放射推开粉底，直接用海绵上的余粉以画圈的方式推开。千万不要忘记额头、太阳穴两旁的发际线位置。不需要另外蘸取粉底，另外要记得不要忘了下颌和脖子这些地方的皮肤。粉底会自然地和发根下的皮肤融合，使脸部更加细腻，铺上蜜粉（定妆粉）是帮助妆容持久、不易泛油光的重要环节。

步骤5 先将蘸了蜜粉的粉扑微折搓揉，让多余的米粉散落。

步骤6 接着把粉扑在手掌心轻轻按压，最后用按压的方式把蜜粉扑在脸上。

步骤7　男妆中眉毛的画法也有很多种，为使描画出的效果更加自然，可以用睫毛膏按照原有眉形轻扫。

步骤8　紧贴睫毛根部用黑色或深棕色眼线笔按照模特原有的眼形进行描画，并对睫毛间的空隙进行填画。

步骤9　唇彩以自然色为主，表现出唇部的健康光泽。

第4章

化妆的误区

眉毛的修剪

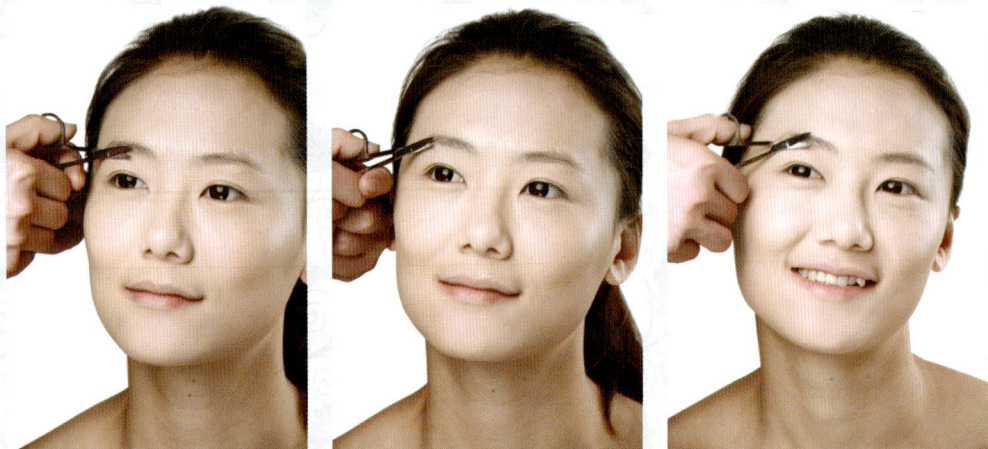

眉毛的正确修剪：

步骤1 步骤2 步骤3 ｜ 将修眉的小剪刀平放，先修剪眉腰，再修剪眉尾，最后修剪眉头。

眉毛的错误修剪：
千万不要用修眉的剪刀纵向去修，那样很容易破坏眉形。

粉底的涂抹

底妆的正确画法:

步骤1　先用中指指腹蘸取少量粉底以鼻翼向发鬓方向涂抹, 这样涂抹出的粉底才会由深至浅呈现出明显的立体感。

步骤2　**步骤3**　**步骤4**　手法应尽量用向上提的方式去涂抹, 因为面部的毛孔会略微向下, 这样能将粉底真正涂抹均匀, 并且显得面部紧致细腻。

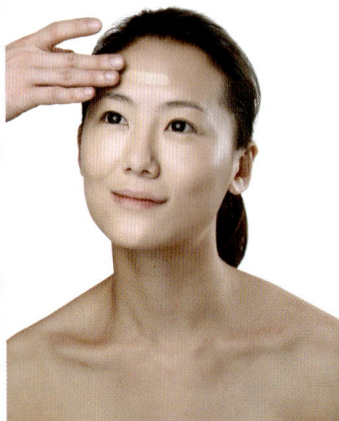

步骤5 步骤6

涂完面部再去涂抹额头，这样底妆的颜色会更均匀。最后用指肚蘸取少量粉底涂抹眼部，手法一定要轻，因为人的喜怒哀乐都在眼部体现，眼部肌肤是最脆弱的部位。

步骤7 步骤8

眼部也是最容易出现细纹的部位，这时我们要从眼部细纹的反向去把细纹打开，进行涂抹。

步骤9 步骤10

底妆打完之后，为了使底妆持续时间更长，我们还要进行定妆环节。先用海绵微折蘸取少量的蜜粉，依次对眼部、额头、鼻翼两侧及整个面部其他肌肤进行定妆。

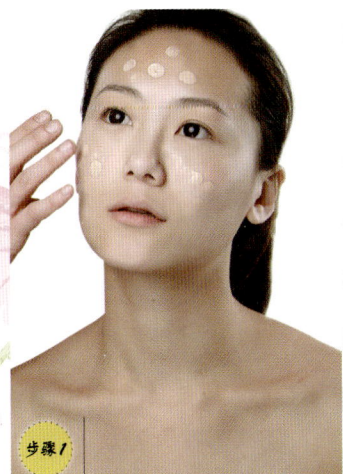

步骤1

步骤2

底妆的错误画法：

很多美眉都容易犯的一个错误就是在面部的几个不同部位点上粉底轻拍，小乐提示大家，这样涂抹出的粉底会深浅不均，而且会缺少面部立体感。

眉毛的画法

步骤1 步骤2

眉毛的正确画法：

用眉刷蘸取少量眉粉先从眉腰部位描画，画出适合自己的眉形。再将眉刷从反方向向眉头部位晕染，这样能过渡得更加自然，使眉毛描画得更加迷人。

要牢记眉毛生长的立体规则：眉毛是下深上浅，最深的部位是眉峰，其次从眉峰浅到眉腰，再浅到眉尾，那最浅的部位就是眉头了。掌握了眉毛立体层次就能刻画出一个自然立体的眉形了。

眉毛的错误画法：

步骤1 步骤2

很多美眉喜欢顺着眉毛的方向，从眉头去画，这样就错误了。因为眉头是眉毛当中颜色最浅的部位，这样画出的眉毛会生硬死板。

美目贴的用法

美目贴的正确用法：

粘贴美目贴，应该先修剪好美目贴，美目贴的修剪不能太长也不能太短，要根据眼形来定。先将美目贴边缘剪去再进行修剪，因为美目贴边缘部分都会有一些不干净的小瑕疵。粘贴时要压于眼部褶皱线偏上0.1mm的位置为佳。

美目贴的错误用法：

美目贴的错误用法：很多美眉将美目贴的位置贴错，要么达不到使眼部变美效果；要么就会将美目贴穿帮翻到眼皮外部了。

眼影的涂抹

眼影的正确画法：

很多美眉们可能还不知道要想画好眼影先要学会用化妆刷蘸好眼影粉这一技巧吧，小乐要告诉大家一定要先用化妆刷的刷面去蘸取眼影粉，因为这样刷尖部位蘸取的眼影量一定大于刷尾部位的眼影粉量，这样去涂抹眼影自然就有深浅层次感了，而且用刷面涂抹眼影还不容易将眼影粉掉落到眼睑下方。

眼影的错误画法：

很多美眉通常喜欢用化妆刷的刷尖去蘸取眼影粉，再用刷尖去画眼部眼影，这样画出的眼影不仅颜色不均匀，眼影粉还很容易掉落到眼睑下方以致弄脏妆容。

眼线的画法

眼线的正确画法：

步骤1　步骤2

用眼线刷从内眼角向外眼角紧贴睫毛根部流畅地描画，画好后再将眼线边缘轻微晕开，这样不会让眼线看起来生硬死板。

眼线的错误画法：

步骤1　步骤2

很多美眉画眼线的时候，喜欢从外眼角向内眼角去画，这样画出的眼线会显得生硬死板，眼尾部分的眼线不够流畅。

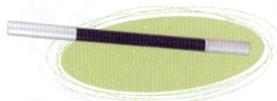